纳唐科学问答系列

# 马与马驹

[法] 安·苏菲·波曼 著
[法] 玛塞勒·热内斯特 绘
杨晓梅 译

吉林科学技术出版社

PONEYS ET CHEVAUX
ISBN：978-2-09-255181-3
Text: Anne Sophie Baumann
Illustrations: Aarcelle Geneste

吉林省版权局著作合同登记号：
图字　07-2020-0048

**图书在版编目（CIP）数据**

马与马驹 / (法) 安·苏菲·波曼著 ； 杨晓梅译
. -- 长春 ： 吉林科学技术出版社, 2023.1
(纳唐科学问答系列)
ISBN 978-7-5578-9607-2

Ⅰ. ①马… Ⅱ. ①安… ②杨… Ⅲ. ①马—儿童读物
②小马—儿童读物 Ⅳ. ①Q959.843-49②S821-49

中国版本图书馆CIP数据核字(2022)第160322号

## 纳唐科学问答系列　马与马驹

NATANG KEXUE WENDA XILIE　MA YU MAJU

著　　者　[法]安・苏菲・波曼
绘　　者　[法]玛塞勒・热内斯特
译　　者　杨晓梅
出 版 人　宛　霞
责任编辑　赵渤婷
封面设计　长春美印图文设计有限公司
制　　版　长春美印图文设计有限公司
幅面尺寸　226 mm×240 mm
开　　本　16
印　　张　2
页　　数　32
字　　数　30千字
印　　数　1-7 000册
版　　次　2023年1月第1版
印　　次　2023年1月第1次印刷

出　　版　吉林科学技术出版社
发　　行　吉林科学技术出版社
地　　址　长春市福祉大路5788号
邮　　编　130118
发行部电话/传真　0431-81629529　81629530　81629531
　　　　　　　　　81629532　81629533　81629534
储运部电话　0431-86059116
编辑部电话　0431-81629520
印　　刷　吉广控股有限公司

书　　号　ISBN 978-7-5578-9607-2
定　　价　35.00元

# 目录

# 马和矮马

农场有一群马在吃草，它们各不相同。有的高大又强壮；有的矮小，毛还打着卷儿；还有一对身材苗条，正忙着互相挠痒痒。

### 马（horse）和矮马（pony）的区别是什么？

矮马是一种个头很小的马，成年以后身高不超过1.06米。

### 马与马会变成好朋友吗？

当然了！在大自然里，马过着群体生活。它们一起嬉闹，彼此安慰，还会用声音呼唤对方。

### 为什么矮马的个头很小？

因为矮马的原始基因使它们长得很矮。

## 这些不同的马要如何称呼？

最小的叫矮马，最高大的是挽马（专门用来拉车的马），另外两匹是乘马。

## 为什么这里还有几只羊？

马不喜欢孤独，这些羊可以陪着它们。

# 马儿马儿真可爱

有人靠近时，马儿会嘶鸣，竖起耳朵。它们到底想表达什么呢？其实，马也有它们的专用语言。

### 马的脾气温顺吗？

每匹马都有自己的脾气与性格，有些很温顺，有些容易紧张，有些喜欢撒娇。

### 为什么马会摇尾巴？

赶走叮咬它们的马蝇等昆虫。

### 马的毛摸起来柔软吗？

很柔软，特别是肚子与嘴巴附近的毛。冬天时，马的毛发会变得更长、更厚、更浓密。

**有蓝眼睛的马吗？**

有，但是很罕见。大部分马的眼睛为棕色或黑色。

**为什么马会叫？**

为了向同伴表达“你好”或“再见”，饿了需要食物，让小马过来，表达自己此刻心情不好……

# 小马驹出生了

小马驹要在母马肚子里待整整11个月才会来到外面的世界。出生之后，虽然小马的四肢弱小又纤细，但也要努力站起来。

## 小马驹也喝奶吗？

喝。母马有两个乳头让宝宝喝奶。小马1岁左右长出牙后，就不用再喝奶了。

## 母马如何认出自己的孩子？

母马在小马身上又嗅又舔，帮助它清洁身体。通过气味，母马能从一群马中辨认出自己的孩子。

## 马爸爸叫什么？

种马。通常种马会在附近的草地上，照顾小马主要是母马的职责。

## 小马驹如何学习走路？

妈妈用头帮助小马驹站起来，然后小马驹就可以自己走路了。小马驹会走路后的第一个念头就是：喝奶！

# 马术俱乐部

一起来上马术课吧！小朋友们被分成几个小组，学习如何骑马、如何照顾马儿……这可真有趣！

### 什么是马厩？

马厩是给马遮风挡雨的小房间，靠近跑道。

### 几岁可以学习骑马呢？

要学习骑马，小朋友的年龄至少要达到6岁。小朋友身高不够，可以骑身材娇小的矮马。

### 左上图这个人在干吗？

他正在清理马厩，添加食物。此外，养马员的工作还包括清理跑道。

跑马场是什么？
是露天的户外跑道。
教练的作用是什么？
教练的工作是教小朋友们学会骑马步行、小跑、慢跑、转身和停下。
在图中找一找！
蝴蝶
草料
狗

# 回到马厩

小马小马，晚安了！饱餐之后，小马回到自己的马厩里睡觉。和小骑士运动了一天，小马要好好休息了。

### 这个白色的卷筒是什么？

盐块。马很喜欢舔它，盐可以保持马儿体内酸碱平衡，对它的健康有好处。

### 马每天都吃什么？

新鲜或干燥的草，还有水果、苜蓿。

### 马是如何做到站着睡觉的呢？

它们首先将膝盖关节“锁死”，然后就可以站着睡觉了。有时，马也会躺下来打盹。

## 为什么这里有洗手池？

因为马要喝很多水。有时，它可以用嘴巴将水管打开，自己喝水。

## 干草有什么用？

像床一样让马儿舒服地躺着，还很保暖。饿了还可以直接食用！

# 日常的照顾

正式学习马术前，小朋友们要先清理自己的小马，给它们戴上骑马所需的全部装备。

### 马头上戴的是什么？

先戴上笼头。然后装上缰绳与嚼子。嚼子是一根小棍，要放在马儿嘴巴里没有牙齿的地方。

### 为什么要替小马刷毛？

可以清理掉小马身上的异物，以免杂物与马鞍摩擦造成疼痛。这一步称为“刷拭”。

### 左图箱子里的工具有什么用？

金属马梳可以刮掉马儿身上比较大的异物，硬毛刷可以将这些脏污去除，软毛刷可以让小马的毛皮更闪亮。所有工具都是为了好好照顾小马！

## 为什么要在马鞍下放张毯子？

避免马鞍直接与小马背部摩擦，不然小马会很痛！

## 为什么不能从马的身后走过？

因为马无法看清身后的事物，所以会恐惧，可能会出于自卫而向后踢。

# 跑一圈

小骑士们带着马来到了室内马场。他们上了马，握住缰绳，走步，小跑……总有一天，他们可以挑战大步跑！

### 马术帽是什么？

是骑马时佩戴的特殊帽子，可以在意外坠马时保护我们的头部。

### 为什么地上有沙子？

让马儿踩上去时觉得更柔软，同时在骑士意外坠马时提供保护。

### 为什么骑士们要穿靴子？

避免小腿与马镫摩擦而产生疼痛感，同时让我们可以更轻松地在沙地里行走。

## 如何调整小马前进的方向？

拉动左边或右边的缰绳。想让马儿前进，可以用小腿轻夹马的身体。

## 马鞭的作用是什么？

这根软棍可以鼓励小马跑得更快一点，或者在它不听话时提醒它听从指令。

# 去散步

今天是活动日，小骑士们带着小马来到了沙滩上，马儿吹着海风，耳朵竖起来仔细听着周遭的声音。要不要去水里走一走呢？

### 小马喜欢散步吗？

喜欢！无论背上是否有人，它们都喜欢在大自然里散步。

### 如何阻止小马吃草？

反复轻拉一侧的缰绳，可以让小马抬起脑袋，继续前进！

### 为什么要与前面的马保持距离？

马在惊恐时会向后踢，保持距离才能保证安全。

### 小马能听懂我们的话吗？

可以。马是敏感的动物，可以理解人类的手势、音调与一些词语。

### 马会游泳吗？

会！它们可以游泳穿过河流。不过，比起在水里，当然是陆地上更自在啦！

# 钉蹄师

这个穿皮围裙的男人是谁，他为什么要夹住马腿、观察马蹄？他是一位钉蹄师，他知道如何让马儿乖乖听话。

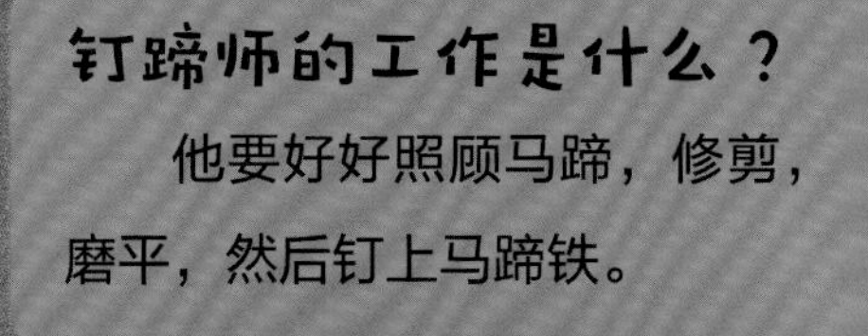

### 钉蹄师的工作是什么？

他要好好照顾马蹄，修剪，磨平，然后钉上马蹄铁。

### 马会疼吗？

不会。马蹄上的角质层特别厚。对马来说，只是感觉锤子在脚上轻轻敲打而已。

### 钉蹄师的工具有哪些？

修剪马蹄的钳子与锉刀，还有锤子。锤子的作用是钉钉子，把马蹄铁固定。

## 马蹄铁的作用是什么？

保护马蹄。不然马蹄很快会被路上的小石子磨损。

## 马蹄铁可以用十年吗？

不行。马蹄铁会坏，而新长出来的马蹄也需要修剪。几乎每个月都要给马更换马蹄铁。

在图中找一找！

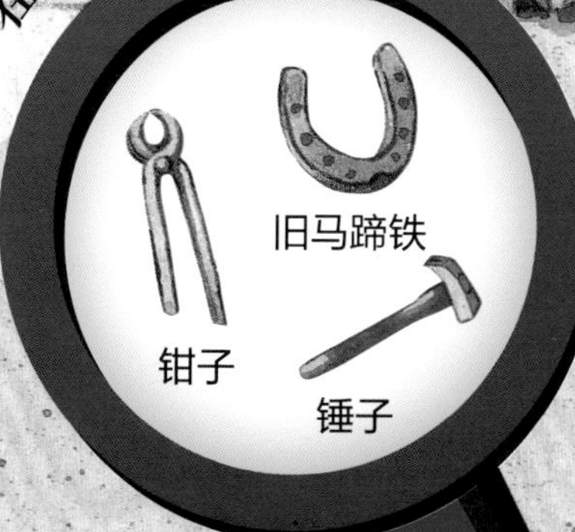

# 兽医来了

今天，小马看起来很糟糕，它在地上打滚儿，不断用后腿摩擦肚子两边，不知道生了什么病。快，快让兽医来看看！

**马也会感冒吗？**

会。如果马剃毛之后奔跑，大量流汗可能就会感冒。这时应该给它穿上外套。

**马也要吃药吗？**

当然！兽医有时会开糖浆类的药物，用滴管让马喝下。

**兽医的工具有哪些？**

测量体温的温度计，打针的注射器，还有处理伤口用的绷带，等等。

马也有牙齿吗？
有。马前面牙齿的作用是把草咬断，后面牙齿的作用是咀嚼。
什么时候需要兽医？
马打疫苗时、生病时，以及母马难产时。
在图中找一找！
大雁
药
体温计

# 马戏团

马戏团的表演开始了！马快步迈入场地中央，骑士们即将奉献一场精彩的演出！

**为什么马戏团的场地是圆形的？**

这样可以让马保持奔跑，不必减速。

**上图这位女性演员为什么要用这种姿势骑马？**

这种骑法叫侧鞍骑乘。演员在模仿古代欧洲的女性。那时，女人只能穿裙子，所以只能以这种姿势骑马。

## 怎样才能成功地站在马背上？

杂技演员穿着特殊的防滑鞋，站立在马的臀部上，跟随马的动作调整平衡。

## 这匹马是如何学会直立的？

要花很多时间训练。现在，驯马师只要拿出鞭子轻轻扫过，马儿就知道该直立起来了。

在图中找一找！

羽饰

表演台

小丑

# 你知道吗？

## 很久以前就有马了？

没错，马的祖先个头与狗差不多。史前人类的洞穴壁画上就已经出现了许多马的图案。

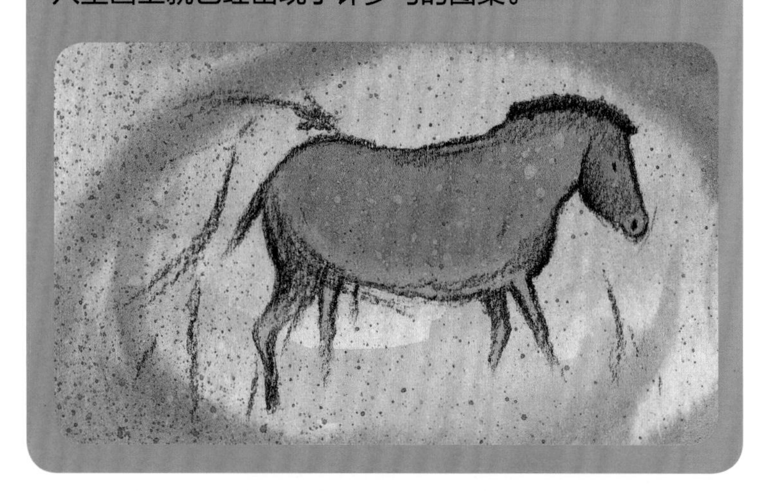

## 为什么印第安人如此热爱马？

美洲印第安人与马一起生活。他们利用马来猎捕野牛、搬运帐篷。

## 在古代，马有哪些作用？

很久很久以前，人类捕杀野马食用。后来，人类将马圈养，加以驯化，把马变成了交通和运输工具。马曾经用于载人、耕田和运输货物。

载人　　耕田　　运货

在现代，马偶尔还会执行这一类工作。

## 骑士到底是什么？

骑士是中世纪欧洲的骑兵，后来演变为一种荣誉称号，他们的马也有金属盔甲保护。

## 最小的马和最大的马分别是什么？

最小的马是法拉贝拉马，跟牧羊犬差不多高。最大的马是夏尔马，肩高超过2米，体重相当于一头小象。

## 马奔跑的速度有快？

赛马奔跑的速度可达60千米/时。

## 什么是马的毛色？

就是马身上毛的颜色。有时，马鬃毛与尾巴的颜色与身体不一样。每一种毛色都有它的专属名称。

黑

青

棕
（身体为棕色，鬃毛、尾巴与四肢末尾为黑色）

骝
（身体为暗红色，鬃毛、尾巴为黑色）

斑点

## 为什么马的耳朵会动来动去？

心情不同，马耳朵的位置也会不一样！



## 马之间会打架吗？

很少，不过当它们恐惧、生气或想展现力量时，会踢腿或撕咬。假如另一方反击的话，那么“战斗”就开始了！

## 马是怎么生产的呢？

母马躺在地上，缓解小马出生时造成的疼痛。小马的头和腿是最先出来的！

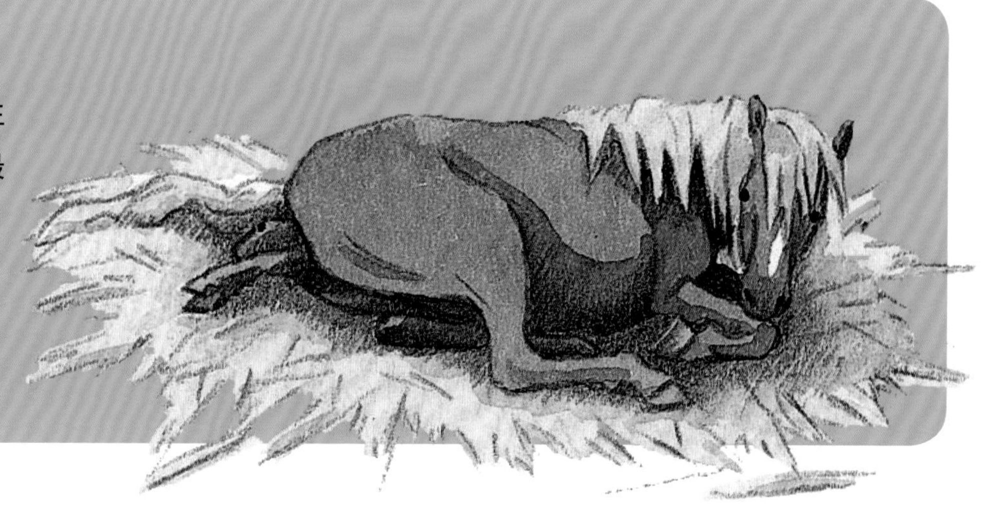

## 马和斑马可以生宝宝吗？

可以！马和斑马生下的后代为杂交斑马。马也可以和驴交配，公驴和母马所生的叫马骡，公马和母驴所生的叫驴骡。

斑马

杂交斑马

马骡

驴骡

## 小马是如何被驯服的？

首先让小马习惯人类的声音与碰触，然后再一点点给小马戴上装备。当它们做好准备后，再放上马鞍。

## 什么是牛仔竞技？

这项比赛比的是骑士们在野马身上停留的时间，难度很高。

## 为什么喂马时要把手摊开？

防止被马儿咬到手指！马长着大大的牙齿，可能会把手指当成草重重咬下去！

## 为什么马要在土里打滚儿？

这是抓痒与清洁的方式。有时，马也会跳进河里洗澡。

## 马也可以“换发型”吗？

当然了，我们可以修剪、梳理马的鬃毛。演出时，甚至可以把鬃毛编成小辫子。不过这样一来，马儿就没法赶走身上的蚊蝇了。

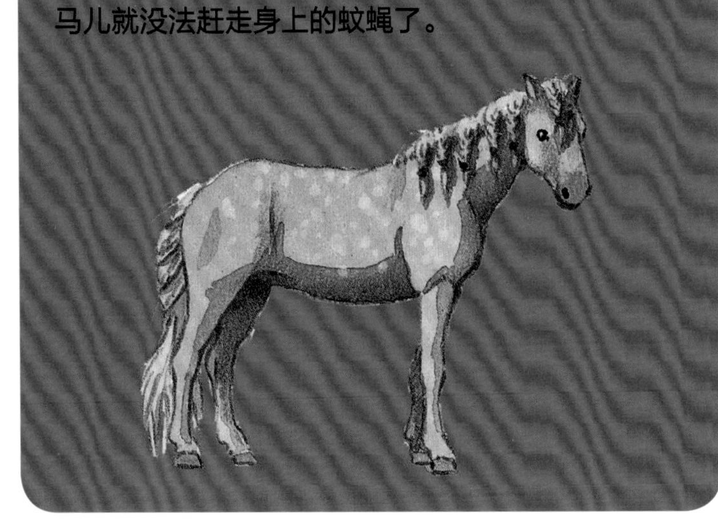

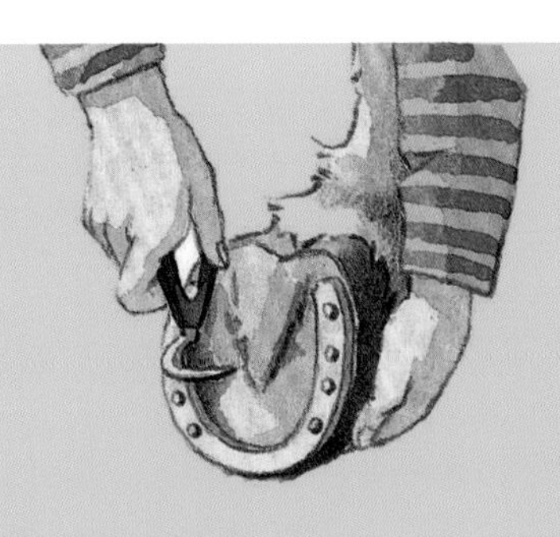

## 如何清理马蹄呢？

用蹄签。这种小钩子可以去掉卡在马蹄里的小石子。这一步很重要，否则马儿的脚会痛。

## 小跑是什么？

比大步跑速度慢一点儿。为了避免过度晃动，骑士们可以踩在马镫上，让身体随着马的节奏摆动。

## 马可以跳跃吗？

可以。在大步跑时，马可以越过水坑、灌木与障碍。

## 为什么要给马戴上眼罩？

避免马被沿途的事物吸引或吓到。

## 世界上有野马吗？

越来越少。有些马过着半野生的群体生活，如蒙古马。一匹公马为首领，其他公马、母马与小马听从它的指挥。

## 马蹄到底是什么？

是又厚又硬的角质层，像人的指甲一样不断生长。不过里面有部分很敏感。

## 马蹄铁有不同的大小吗？

当然，因为马蹄不一样。如同人的鞋子，马蹄也有不同的尺寸。

## 马也有牙医吗？

有。有时马的牙齿太尖，会阻碍进食。这时，牙医要把马儿的牙齿磨一磨。

## 兽医还要照顾其他动物吗？

当然。兽医通常要照顾所有类别的动物，包括牧场里的动物和家中的宠物。

## 古代也有马戏表演吗？

当然。在古罗马时期，人们会组织马拉车的比赛。这些表演在大体育场中举行。这种场地也被称为“圆形马戏场”。